Fernand Papillon

Leibniz et la science contemporaine

Essai

 Le code de la propriété intellectuelle du 1er juillet 1992 interdit en effet expressément la photocopie à usage collectif sans autorisation des ayants droit. Or, cette pratique s'est généralisée dans les établissements d'enseignement supérieur, provoquant une baisse brutale des achats de livres et de revues, au point que la possibilité même pour les auteurs de créer des œuvres nouvelles et de les faire éditer correctement est aujourd'hui menacée. En application de la loi du 11 mars 1957, il est interdit de reproduire intégralement ou partiellement le présent ouvrage, sur quelque support que ce soit, sans autorisation de l'Éditeur ou du Centre Français d'Exploitation du Droit de Copie, 20, rue Grands Augustins, 75006 Paris.

ISBN : 978-1978038417

10 9 8 7 6 5 4 3 2 1

Fernand Papillon

Leibniz et la science contemporaine

Essai

Table de Matières

Introduction	6
Section I	7
Section II	14
Section III	18

Introduction

Aujourd'hui que la science fournit des clartés inattendues pour la solution des problèmes à la fois les plus délicats et les plus élevés de la philosophie naturelle, les grands systèmes de métaphysique deviennent l'objet d'une intéressante révision. Oubliés ou méprisés par une science exclusivement expérimentale, abandonnés aux conventions d'une critique immobile, ces systèmes n'avaient plus que la valeur de documents d'érudition. Soumis à un examen nouveau, à une exégèse pénétrante, ils font voir maintenant des parties dignes de l'attention du savant, qui y trouve des conclusions toutes formulées pour ses expériences, plus compréhensives qu'autrefois. Un mouvement de ce genre se prononce à l'heure qu'il est en faveur de la philosophie de Leibniz. Sous l'incubation de la science moderne, les germes enfouis de cette philosophie s'étaient lentement développés, et les voici qui éclosent avec une remarquable vitalité. La conception du penseur de Hanovre sur les principes des âmes et des corps apparaissant décidément comme la plus vraisemblable et la plus plausible ; on est contraint de renoncer au sentiment traditionnel qu'on a eu de ces choses, et on en adopte un nouveau qui lève bien des difficultés, de l'aveu des savants et des métaphysiciens tout ensemble. Et cette conformité entre les maximes de Leibniz et les résultats de l'investigation la plus récente n'existe pas seulement dans la philosophie générale de la nature, elle s'étend aux sciences particulières, où l'on rencontre souvent la réalisation des conjectures de l'auteur des *Nouveaux Essais*. Ces sciences arrivent ainsi par une voie lente à reconnaître les vérités que le penseur saisissait dans une opération rapide. On n'en est que plus surpris du spectacle de ce hardi génie, qui, comme s'il était entré dans la confidence de l'absolu, pénètre avec tant de spontanéité dans la connaissance des ressorts cachés du monde.

L'esprit de Leibniz ne comportait en effet ni la précision géométrique, ni la persévérance rigide de celui de Descartes. Toutes les idées de Descartes sont méthodiquement déduites, tous ses systèmes sont sévèrement ordonnés ; il a le respect de la ligne exacte et du dessin pur. Leibniz a les allures d'un coloriste ; il procède sans règle, sans discipline, sans suite, presque par saillies, énonçant ses idées çà et là au gré de sa fantaisie, au fur et à mesure que la méditation et l'élan intuitif les lui suggèrent. Constamment diverti d'une pensée à l'autre, il se répand sur les sujets variés qui l'attirent, au lieu de disposer ses conceptions dans un régulier ensemble. La philosophie paraît être pour lui l'opposé des fastidieuses recherches d'érudition auxquelles il donne une attention soutenue, et des polémiques où il déploie une activité prodigieuse. Il aime l'action et le commerce de la société. Il veut être homme d'état. S'il se livre à la métaphysique, il traite avec aisance, mais en quelque sorte à la dérobée, les questions les plus complexes et les résout dans de profondes sentences. Aussi bien ce n'est pas la grande affaire de sa vie, c'en est le noble divertissement. Au fond, Descartes et lui ne sont pas moins opposés. Ils ne s'entendent ni sur les méthodes, ni sur les conclusions. Ils diffèrent sur les causes premières, sur les causes finales, sur l'homme, sur le monde, sur l'âme, sur Dieu. Le démon de la géométrie, qu'on accuse d'avoir été le mauvais génie de Descartes, n'a jamais tourmenté Leibniz ; sa philosophie n'en procède point. N'importe, cette philosophie est un astre qui après une longue éclipse se lève de nouveau et nous éclaire. A sa lumière et peut-être à leur propre insu, les sciences acquièrent une puissance inattendue et se fortifient de salutaires inspirations. Quelque temps qu'en doive durer la révolution, il aura, en parcourant son orbe, dirigé les travaux les plus féconds. C'est ce que nous proposons de montrer ; mais d'abord il faut rappeler les principes fondamentaux de la métaphysique de Leibniz et l'ensemble trop peu connu de ses doctrines scientifiques.

Section I

Nos sens sont frappés par une infinité de phénomènes emmêlés et enchevêtrés, notre esprit est un mobile océan sans bornes, tout plein d'impressions, de pensées et de désirs. Par quel moyen arrivons-nous à concevoir quelque chose de simple, de distinct, dans cette immensité confuse ? Par une incessante réflexion de l'extérieur sur nous-mêmes et de nous-mêmes sur l'extérieur. Nous séparons d'abord le *moi* du *non-moi*, et cette opération nous fait apercevoir une différence profonde entre ces deux termes, te non-moi, l'extérieur, nous montre immédiatement, au point de vue le plus général des mouvements et des figures, quelque chose de purement géométrique ; mais nous y découvrons aussi un autre élément plus caché, que Leibniz considère excellemment : c'est la résistance, le ressort, la force intime et latente. Au fond des apparences phénoménales, que Descartes ramène à des points dits matériels et à du mouvement, le philosophe de Hanovre signale une notion bien différente, celle u de la force non-moi, » comme s'exprime Maine de Biran, en vertu de laquelle l'objet extérieur résiste à l'effort voulu, le limite, le détermine, et réagit contre notre propre force autant que celle-ci agit pour le surmonter. Soit que cette résistance se manifeste directement dans l'aperception immédiate de l'effort que le moi exerce hors de lui, soit que l'esprit l'induise d'un autre sentiment, cette force est en définitive conçue à l'instar du moi, comme une catégorie pure et absolue, sans forme sensible. Cette force active, selon Leibniz, diffère de la puissance nue familière à l'école, en ce que la puissance active, ou *faculté* des scolastiques, n'est autre que la possibilité prochaine d'agir, qui a encore besoin, pour passer à l'acte, d'une impulsion étrangère ; mais la force active comprend une sorte d'*entéléchie* qui tient le milieu entre le pouvoir d'agir et l'action elle-même, et opère aussitôt que l'obstacle est supprimé. C'est ce que rend très sensible l'exemple d'un poids tendant la corde qui le soutient ou d'un arc bandé. D'autre part, on ne saurait assigner en quoi un corps en mouvement diffère, en chacun des lieux qu'il occupe, de ce qu'il est au repos, si l'on n'ajoute qu'en chacun de ces lieux il *tend* à aller plus loin.

L'esprit perçoit ainsi, par le moyen de l'abstraction métaphysique, les capacités primitives d'activité, les entéléchies, les puissances qui donnent à la substance ses caractères dynamiques. Leibniz regarde ces capacités, qu'il appelle aussi des *monades*, comme les principes réels et absolus dont la somme est toujours égale dans la nature, tandis que celle du mouvement y varie. Toute phénoménalité se résout dans ces unités substantielles dont le nombre est infini, et qui sont le seul moyen de concevoir les corps et les âmes. Les *atomes de matière* sont contraires à la raison, outre qu'ils sont encore composés de parties, puisque l'attachement invincible d'une partie à l'autre n'en détruirait point la diversité. Il n'y a que les *atomes de substance*, c'est-à-dire les unités réelles et absolument destituées de parties, qui soient les sources des actions, les premiers principes de la composition des choses et comme les derniers éléments de l'analyse des substances. On les pourrait appeler, d'après Leibniz, des *points métaphysiques*. Ils ont quelque chose de vital et une espèce de perception, et les points *mathématiques* en sont le point de vue pour exprimer l'univers ; mais quand les substances corporelles sont resserrées, leurs organes ensemble ne font qu'un *point physique* à notre égard. Ainsi les points physiques ne sont indivisibles qu'en apparence ? les points mathématiques sont exacts, seulement ce ne sont que des modalités. Il n'y a que les points métaphysiques ou de substance (*formes* ou *âmes* de Leibniz) qui soient exacts et réels, et sans eux il n'y aurait rien de réel, puisque sans les véritables unités a n'y a pas de multitude.

Les points substantiels ou monades, sans étendue ni figure, sont donc proprement les forces internes et spécifiques des choses ; Nous les concevons, nous ne les imaginons point. De même que, sans les signes du langage, nous serions incapables de science, de même, sans l'appui des représentations sensibles que fournissent le corps et le mouvement, nous ne pourrions pas connaître la force. Nous n'en sommes pas moins contraints d'inférer que celle-ci est la réalité dont le corps et le mouvement ne sont que les images concrètes et sensibles, non intelligibles. En résumé, il y a dans le monde plus que les manifestations phénoménales, plus que les formes visibles, plus que le mouvement exprimé ; il y a l'énergie, le ressort, l'activité cachée qui sommeille, la puissance interne concentrée et condensée, toujours prête à se traduire en d'innombrables apparences. Imperceptibles et inétendues, les forces-mères, sources fécondes de toute action et de toute vie, constituent, dans la doctrine de Leibniz, l'essence même des choses.

Comment ces forces engendrent-elles les corps et les âmes, et quels sont les rapports de ces derniers ? Leibniz développe à ce sujet des idées entièrement originales. Les âmes sont des monades d'une espèce plus parfaite et d'une activité supérieure, principes de toutes les énergies qui se traduisent plus spécialement par l'organisation, la vie, la pensée, etc. Il y a des âmes partout, sinon des âmes pensantes, au moins des forces capables de déterminer des apparences quasi-vitales. Leibniz tient ainsi que le nombre des âmes est infini, et qu'il n'y a point de portion de matière, si petite qu'elle soit, où l'on ne trouve encore une entéléchie vivante ;

mais, de même que les monades de la matière brute s'expriment par celles-ci, les monades de la matière organisée s'expriment par l'organisation. La réfection de la substance est en raison de celle du ressort, tandis que Descartes sépare essentiellement l'âme du corps, Leibniz ne peut les concevoir séparés. Il dit expressément dans les *Nouveaux Essais* : « L'âme n'est jamais séparée de tout corps, » et il écrit à Arnauld : « Notre corps est la matière, et l'âme est la forme de notre substance. » On retrouve des propositions identiques dans plusieurs de ses ouvrages, particulièrement dans la *Monadologie*. L'âme raisonnable doit être distinguée de l'âme sensitive. Les animaux, à l'état de germes, n'ont que des âmes sensitives ; mais dès que ces germes sont élus et parviennent à la nature parfaite, leurs âmes sensitives sont élevées à la prérogative de la raison.

L'âme raisonnable est pour Leibniz la suprême révélatrice. Le fondement des choses est, selon lui, partout le même, et nous devons tout juger d'après ce qui nous est connu, d'après l'âme. Notre moi est en fait l'unique substance dont nous ayons la conscience immédiate. L'unité réelle que nous sentons en lui, nous devons la transporter aux autres substances, de même que nous devons juger la force non comme un objet des sens et de l'imagination, mais d'après le type que nous en trouvons dans la volonté. On peut concevoir la substance spirituelle à un nombre infini de degrés divers qui peuvent être soit supérieurs, soit inférieurs au moi ; on ne peut rien concevoir d'actif qui ne lui fût analogue. Toutes nos idées procédant d'une intime réflexion sur nous-mêmes, nous ne saurions rien de l'être, si nous ne trouvions l'être en nous-mêmes. C'est dire que l'intelligence a en soi des notions primordiales qui sont le point de départ et la condition de toutes les autres. En d'autres termes, c'est déclarer qu'il y a dans l'esprit des notions antérieures à l'expérience, dépendant de la constitution même de cet esprit. Aristote et Locke avaient comparé l'âme à une table rase où les sens et l'expérience viennent inscrire leurs renseignements. Leibniz établit qu'elle contient originairement les principes de plusieurs notions et doctrines que les objets externes réveillent seulement dans les occasions. Avec Platon, avec saint Paul, quand il marque que la loi de Dieu est écrite dans les cœurs, avec Scaliger, qui les nommait *semina æternitatis*, l'auteur de la *Monadologie* admet ces concepts fondamentaux de l'entendement comme assises de toute connaissance. Il les compare à des feux vivants, à des traits lumineux cachés au dedans de nous, et que la rencontre des sens et des objets externes fait paraître comme des étincelles jaillissant au contact de la pierre et de l'acier. Et ces éclats sont visibles surtout dans ce don d'apercevoir la liaison des choses, c'est-à-dire dans la raison.

Cette âme, cette monade éminemment active, dans quels rapports se trouve-t-elle avec les monades d'ordre inférieur, avec les éléments du corps ? Selon Leibniz, la masse organisée par où se manifeste l'âme, étant d'une nature fort rapprochée, agit réciproquement d'elle-même, quand l'âme le veut, sans que l'un trouble les lois de l'autre, les esprits et le sang ayant justement alors les mouvements qu'il leur faut pour répondre aux passions et aux perceptions de l'âme. C'est ce rapport mutuel, réglé par avance dans chaque substance de l'univers, qui en produit la communication, et qui fait en particulier l'union de l'âme et du corps. On peut entendre par là que l'âme a son siège dans le corps par une présence immédiate et intime, car elle y est comme l'unité est dans la multitude. L'âme, monade pensante, agit concurremment avec les monades subalternes, mais vitales encore, qui en même temps qu'elle s'expriment par la substance organisée où la pensée a son siège. L'âme est en relation avec les activités inférieures de la vie, comme celles-ci le sont avec les activités les plus sourdes de la matière brute, dans une concomitance qui n'est pas une dépendance.

Il faut maintenant s'élever plus haut, rechercher les rapports et la solidarité des monades dans l'univers. Trois principes, celui de l'*harmonie préétablie*, dont nous venons de parler, celui de *continuité* et celui de *la raison suffisante*, sont ici le fonds de la métaphysique leibnizienne. L'harmonie préétablie n'exprime pas autre chose que le fait indéniable de la conjonction de toutes les monades dans l'univers. Notre esprit aperçoit entre elles une infinité de relations dont il ne saisit point la nécessité physique. Il ne sait pas pourquoi deux monades agissent ensemble ou l'une sur l'autre pour déterminer un résultat quelconque. Il ne peut expliquer comment les monades d'ordre inférieur influent sur celles d'ordre supérieur, celles du corps sur celles de l'âme et réciproquement. Bref, comme la montré Hume, nous n'apercevons

Section I

aucun lien logique et nécessaire entre les phénomènes qui se succèdent dans la suite des relations de cause à effet. Cependant nous sommes sûrs que pas une molécule du monde n'est étrangère aux autres, que pas une n'est isolée de l'ensemble, que toutes sont conjointes et fonctionnent dans le tourbillon de l'existence totale. Nous observons que tout effet dépend d'une infinité de causes, et que toute cause a une infinité d'effets. Le concours, la conspiration, le *consensus* de toutes les monades vers un ordre régulier prouve évidemment une harmonie établie entre leurs activités essentielles. Il y a un parfait accord en vertu duquel chaque substance, suivant ses propres lois, se rencontre dans ce que demandent les autres. Cette harmonie cache pour Leibniz autre chose que de simples rapports de causalité. Il voit dans les relations des monades des influences du genre de celles de l'âme sur le corps ; il croit qu'elles ont un certain sentiment intuitif les unes des autres, une sorte d'aperception de ce qui n'est point elles. Il pense que, se sentant mutuellement, elles manifestent une sorte d'irritabilité plus ou moins consciente à l'égard de leurs vertus réciproques. Il considère même que, recevant l'impression harmonique du monde entier dont elles sont facteurs, elles le reflètent de quelque façon et en expriment la loi. Chaque substance, dit-il, est perceptive et représentative du monde entier, suivant son point de vue et ses impressions. C'est un miroir de la beauté de l'univers. Un poète persan avait déjà dit : « Fendez un atome et vous y trouverez un soleil. » En un mot, les monades, quoique possédant chacune en soi un principe propre d'activité et de direction, agissent ensemble dans une synergie régulière ; mais quel lien les joint ? Ces rapports que nous apercevons entre elles ne sont-ils que des rapports déraison ? Existe-t-il des relations nécessaires des unes aux autres ? Comment l'unité règne-t-elle dans le monde ? C'est la suprême inconnue de notre science et un des arguments leibniziens en faveur de l'existence de Dieu. Dieu fait la liaison, la communication des substances. De plus ces substances, logiquement associées, bien que jouant chacune un rôle distinct, tendent vers un but final.

La loi de continuité montre de nouvelles relations plus étroites entre les monades et détermine la gradation de leurs états divers. Les traits de l'avenir sont formés par avance, et les traces du passé se conservent toujours dans chaque substance. Par là, tout événement émane de ceux qui le précèdent. D'autre part, les monades, dans leurs diversités infinies, se suivent sans lacune depuis la plus rudimentaire jusqu'à la plus parfaite. La progression, que nous concevons dans les quantités, abstraites de la mathématique, existe entre les quantités réelles du monde, qui sont les monades de toute espèce. La force, la vie, la volonté, sont réparties en proportions variées à tous les degrés de cette immense série, en bas sourdes et imperceptibles, en haut puissantes et fécondes. Le passage des monades inférieures aux supérieures se fait graduellement par mille intermédiaires. Les principes des corps vont se perfectionnant de plus en plus, et ne diffèrent point essentiellement de ceux des âmes auxquels ils se rattachent. Les âmes à leur tour sont nombreuses, et obéissent aussi à une loi de progrès. Il y a une quantité immense de degrés de vie se dominant plus ou moins les uns les autres, depuis l'obscure activité de l'atome de sable jusqu'à la puissance souveraine de l'esprit absolu. Descartes avait dit que tous les faits de la nature s'entre-suivent comme des vérités géométriques. Leibniz nous montre dans les choses un ordre plus profond et plus général. Tout est proportionné, analogue, harmonique ; tout se tient, tout se continue suivant un enchaînement ininterrompu. De la sorte, il n'y a plus deux mondes distincts, celui de la nature et celui de l'esprit. Les substances spirituelles font partie de la même, série que les corporelles. Il n'y a des unes aux autres que des différences de degré.

Le principe de la raison suffisante nous découvre l'économie stricte des choses. Rien ne se fait sans raison dans la nature ; mais elle ne prodigue pas les raisons. Elle choisit toujours les voies les plus courtes. Magnifique dans les effets, ménagère dans les causes, elle produit le maximum de travail avec le minimum de force. Les raisons du monde, d'après Leibniz, sont cachées dans quelque chose d'extra-mondain différent de l'enchaînement des états, de la série des substances dont l'agrégat constitue le monde. Il faut donc passer de la nécessité physique ou hypothétique, qui détermine l'état postérieur du monde suivant un état intérieur, à la nécessité absolue ou métaphysique, dont on ne puisse pas rendre raison, et cette dernière raison est celle de toutes les autres. Comme l'a dit un savant interprète de la doctrine de Leibniz,[1] la pensée, la

---

[1] M. Ravaison, *Philosophie en France au dix-neuvième siècle*.

volonté, sont au fond de tout ; les phénomènes à tous leurs degrés n'apparaissent en somme que comme autant de réfractions dans des milieux diversement troubles de l'unique et universelle lumière : lumière qui brille surtout dans notre âme, puisque celle-ci est le foyer où se concentrent les rayons partout dispersés de cet éclat diffus. D'action en action, de puissance en puissance, il nous faut remonter ainsi jusqu'à une puissance qui se suffise enfin à elle seule, c'est-à-dire à une parfaite spontanéité.

Dans le temps comme dans l'espace, toutes choses sont donc soumises à une loi d'inflexibilité solidarité. Cette idée de voir l'univers dans le microcosme, de considérer l'infiniment grand dans l'infiniment petit, les monades agissant les unes sur les autres, chaque partie portant l'empreinte de l'absolu qui éclate dans le tout, et ce tout s'acheminant, dans une synergie grandiose, vers un but dont notre intelligence n'a peut-être qu'une obscure vision, mais dont elle a le vif sentiment, — cette idée est la gloire de Leibniz. C'est le déterminisme dans sa plénitude compréhensive. Descartes, lui aussi, avait conçu le monde conformément à des lois supérieures ; seulement il avait enfermé ces lois dans les limites du mécanisme. Leibniz agrandit la sphère, et par-delà le mécanisme il observe l'énergie, la vie, l'amour, le bien ; il contemple le vrai Dieu dans sa magnificence. Le Dieu de Descartes est nombre et force ; celui de Leibniz est vie et beauté. Tout s'épanche et rayonne de son sein en *fulgurations* éternelles, comme les pensées émanent de notre propre substance.

Section II

Nous voici arrivés avec Leibniz aux sommets de la pensée, aux derniers confins de la spéculation. Redescendons maintenant avec lui aux problèmes particuliers qu'il a examinés, et qu'il a légués à la science moderne, encore impuissante à les résoudre tous. On verra combien ont été salutaires à celle-ci les principes généraux qu'il avait établis comme les grandes lois de l'ordre du monde. Leibniz a le plus lucide sentiment de la diffusibilité de la vie. Il en exprime avec justesse le caractère fondamental, qui est le renouvellement moléculaire continu de la matière dans la permanence des formes actives, c'est-à-dire des âmes. Il y a, d'après lui, un monde de créatures, de vivants, d'animaux, d'entéléchies, d'âmes, dans la moindre partie de la matière. Chaque portion de la matière doit être conçue comme un jardin plein de plantes, ou comme un étang plein de poissons ; mais chaque rameau de la plante, chaque membre de l'animal, chaque goutte de ses humeurs est encore un tel jardin ou un tel étang plein de vivants de plus en plus petits, quoique d'espèce analogue. Tous ces corps, ajoute-t-il, sont dans un flux perpétuel comme des rivières. Des parties y entrent et en sortent constamment. De cette façon, l'âme ne change de corps que peu à peu, et n'est jamais dépouillée tout d'un coup de ses organes ; les propriétés vitales restent, tandis que la matière de la vie passe. Leibniz imagina là-dessus que certains animaux doivent pouvoir se multiplier comme les plantes, par scission. La découverte des polypes par Trembley, les faits de multiplication des vorticelles, des paramécies, des bursaires, des opalines, etc., observés depuis, ont donné raison aux conjectures du philosophe.

Descartes avait envisagé les bêtes comme des machines, comme des automates sans âme, composés d'atomes dont les mouvements sont coordonnés à l'instar de ceux des plantes. Il leur refusait l'intelligence, et croyait pouvoir expliquer la sensibilité et l'instinct qu'on y remarque par des raisons purement mécaniques. Leibniz n'admet point de différences spécifiques entre l'homme et les animaux. Il accorde à ceux-ci une âme inférieure à la nôtre, moins raisonnable, mais raisonnable encore, une âme au fond de même essence, principe d'activité bien, distinct des énergies du monde inorganique. Il la considère de plus comme également indestructible et immortelle. Ceux qui conçoivent, dit Leibniz, qu'il y a une infinité de petits animaux dans la moindre goutte d'eau, comme les expériences de Leuwenhœck l'ont montré, et, qui ne trouvent pas étrange que la matière soit remplie partout de substances animées, ne trouveront pas étrange non plus qu'il y ait quelque chose d'animé dans les cendres, et que le feu peut transformer un animal, le réduire au lieu de le détruire. Ainsi la vie ne disparaît pas. L'ordre et le concert des monades sont seulement modifiés ; les essences qui les constituent demeurent avec leurs qualités premières et incorruptibles, prêtes à reparaître dans d'autres vivants. Ce qui ne commence point ne périt pas non plus. Ces considérations amènent Leibniz à envisager d'une manière bien profonde le phénomène de la mort. La vie n'étant pas un souffle qui vient tout d'une pièce animer le corps, la mort ne saurait être attribuée à la disparition subite d'un tel souffle. La génération n'étant que le développement d'un animal déjà formé, la corruption ou la mort n'est que l'enveloppement d'un animal qui ne laisse pas de demeurer vivant. La mort se fait par degrés, elle atteint d'abord des parties imperceptibles, et ne nous frappe que quand elle a saisi tout l'être. Aussi ne voit-on pas le détail de cette rétrogradation, comme on aperçoit celui de l'avancement qui constitue la naissance. Les faits de métamorphose et de reviviscence chez les insectes, de rappel à la vie chez les hommes morts de froid, noyés ou étranglés, sont pour Leibniz la preuve que la mort arrive ainsi graduellement, et il veut que la médecine cherche à opérer des résurrections. La science ultérieure a confirmé ces idées. La vie est dans l'infiniment petit ; elle circule sourde et latente sous ces déguisements multiples dont parle Hamlet, se dissimulant quand elle fait encore tout palpiter et trouvant son aliment dans la mort.

Leibniz s'occupe aussi des espèces, qu'il définit par la génération, en sorte que ce semblable qui vient d'une même origine ou semence est aussi d'une même espèce. Les différentes classes des êtres ne sont pour lui que les ordonnées d'une même courbe, et ne forment qu'une seule chaîne dans laquelle ces classes, comme autant panneaux, tiennent si étroitement les unes aux autres qu'il est impossible de fixer le point où quelqu'une commence ou finit. Toutes les espèces, dit-il avec une singulière précision, qui bordent ou qui occupent les régions d'inflexion ou de rebroussement doivent être douées de caractères équivoques. Puis, considérant l'ensemble, qu'il soumet à la loi de continuité, il dispose les espèces et en général les êtres dans une immense série, depuis l'homme jusqu'aux êtres les plus simples ; il y a, selon lui, une si grande proximité entre les animaux et les végétaux que, si l'on prend le plus imparfait des uns et le plus parfait des autres, c'est à peine s'ils peuvent être distingués. De plus il est conforme à la somptueuse harmonie de l'univers, au grand dessein aussi bien qu'à la bonté du souverain architecte, que les différentes espèces de créatures s'élèvent peu à peu vers son infinie perfection. Leibniz admet des créatures plus parfaites que nous, mais dont il confesse que nous ne pouvons avoir aucune idée claire. Il croit également que, dans la série des choses existantes, il y a des vides, des choses *possibles* n'existant point. La variation des espèces, dont il étudie plusieurs cas, lui semble réelle, non la transmutation : il est pour la variabilité limitée, c'est-à-dire qu'il admet dans une large mesure l'action des circonstances modificatrices sans aller jusqu'à croire qu'elles peuvent transformer l'espèce. En examinant les poissons et les plantes, dont les schistes de Halle portent l'empreinte, Leibniz reconnut pour la première fois dans ces vestiges non des jeux de la nature, mais des témoignages des révolutions du globe et de l'existence de faunes et de flores disparues. La *Protogée*, où cette grave question est spécialement approfondie, constitue le point de départ de la géologie et de la paléontologie modernes et de toutes les explications plutoniennes de la croûte terrestre. Werner, Hutton, Buffon et Cuvier se sont inspirés dans leurs travaux de l'ébauche de Leibniz.

Il infère que, s'il nous arrive souvent dans les sciences de ne pouvoir caractériser les différences, cela tient à ce que nous ne connaissons ni les petites parties, ni la structure intime des choses, c'est-à-dire les principes par où on peut rendre compte de leur nature fondamentale. Cette ignorance fait que nous devons juger conjecturalement de beaucoup de phénomènes dont la connaissance parfaite est réservée à l'avenir. Aussi fonde-t-il beaucoup d'espérances sur l'emploi du microscope et sur l'*anatomie comparative* (le mot est de lui), où il croit qu'on trouvera la confirmation de beaucoup de ses idées. Entre autres, il pressent positivement la nature et l'importance des spermatozoaires, quand il annonce qu'on découvrira dans le phénomène de la génération que l'un et l'autre sexe fournit quelque chose d'organisé. Et cette déclaration corrige, dans un sens fort juste, sa théorie de la préformation syngénétique des êtres ou de l'emboîtement des germes, d'après laquelle toutes les semences préexistent depuis l'origine du monde, enfermées dans celle du premier représentant de chaque espèce. Cette théorie, reconnue fausse par l'ensemble des observations embryogéniques, l'est justement parce que l'élément organisé du sexe mâle est indispensable à la formation de l'embryon.

C'est un problème difficile d'assigner les genres et les espèces dans les végétaux. Les botanistes du XVIIe siècle croyaient que les distinctions prises des formes de la fleur approchaient davantage de l'ordre naturel pour l'institution d'une classification. Leibniz pense qu'il serait juste de faire des comparaisons non-seulement d'après un seul caractère, comme celui de la fleur, et qui est peut-être le plus favorable à l'établissement d'un système commode, mais encore d'après les caractères des autres parties des plantes. Il propose ainsi le principe de la subordination des caractères comme une suite de ses idées sur l'harmonie des êtres.

Tous ces travaux, toutes ces hypothèses procèdent donc directement des conceptions métaphysiques de Leibniz sur le système des éléments du monde. Ce qui en procède plus directement encore, c'est l'invention du calcul infinitésimal. Quand ce calcul ne serait en lui-même qu'une sublime curiosité, ce serait déjà beaucoup d'avoir trouvé le moyen d'opérer sur les quantités infinies comme sur les finies. Heureusement ce genre de supputation a rencontré dans l'astronomie, la mécanique et la physique, des applications si fécondes que ces sciences en ont été renouvelées. C'est un nouvel instrument, un nouveau levier qui leur a été donné pour les plus hautes investigations. On voit à quel point Leibniz était familier avec les plus difficiles problèmes. Il est probable qu'une grande partie de ses travaux scientifiques est restée inédite. Nous ne connaissons guère par exemple ce qu'il a fait en médecine. Cependant Bossuet écrivait à Pellisson : « Ce que M. de Leibniz propose pour la perfection de la médecine est admirable...[1] »

Section III

Quelle a été l'influence de la métaphysique de Leibniz dans les grandes élaborations de la science moderne, et d'abord dans celles du siècle dernier ? Il y a longtemps qu'on a dit que le XVIIIe siècle n'a pas eu de philosophie originale. En effet, il a vécu de doctrines empruntées. Il a eu entre autres une doctrine émanée de celle de Leibniz, et dont on peut dire que Diderot a été le véritable représentant. Au premier aspect, cet esprit exubérant et sans discipline paraît destitué des qualités de dogmatisme et

[1] *Œuvres inédites de Leibniz*, publiées par M. Foucher de Careil, t. Ier, p. 344.

de méthode qui font proprement le philosophe ; mais, si l'on y regarde de près, on s'aperçoit que lui seul a développé un système précis et arrêté où les idées de Leibniz ont une grande place, et où domine le principe du dynamisme, l'idée des forces-mères. Dans l'*Interprétation de la nature*, le *Rêve de d'Alembert* et les *Principes philosophiques sur la matière et le mouvement*, Diderot se montre pur disciple du penseur de Hanovre, disciple même un peu exalté, puisqu'il va jusqu'à écrire que Leibniz à lui seul fait autant d'honneur à l'Allemagne que Platon, Aristote et Archimède en font ensemble à la Grèce. Le naturalisme de Diderot, empreint d'un large sentiment des activités de la substance, est aussi dans la pensée de Charles Bonnet, de Buffon, de Bordeu, de Barthez et d'autres savants de la même époque. Il a inspiré alors toute une école de chercheurs et de philosophes, dont les uns trouvaient trop de négations dans celle de Hume, et les autres trop d'analyses dans le système de Condillac.

Buffon, comme Leibniz, voit dans la nature des plans combinés, des rapports suivis, des faits assortis, des fins partout prévues, s'ordonnant conformément à une suprême convenance. Les *molécules organiques* et les *forces pénétrantes* (immanentes), qui, selon lui, constituent la vie, et passent de moule en moule pour la perpétuer, sont les monades mêmes de Leibniz. Les grandes idées développées dans les *Époques de la nature*, et qui ont eu, bien que parfois contestables, une si réelle influence sur les progrès ultérieurs de la géologie, sont empruntées pour la plupart à la *Protogée*. La physiologie générale de Buffon ne se rapproche pas moins de celle que Leibniz avait professée. Il en est de même de celle de deux de ses célèbres contemporains. Barthez et Bordeu, s'élevant à la fois contre le géométrisme cartésien, étendu abusivement aux phénomènes de la vie, et contre l'analysme à outrance, préconisé par Condillac et appliqué par ses disciples, établissent les forces vitales dans leur resplendissante autonomie et leur irréductible simplicité. Ils exagèrent sans doute le défaut des explications mécaniques et le danger de l'analyse, et il ne faudrait pas croire que la science ultérieure leur a toujours donné raison. Du moins elle les a confirmés dans l'opinion leibnizienne et anticartésienne qu'ils soutenaient, à savoir que la vie est une force supérieure qui implique les inférieures sans en dépendre, que l'organisme est un système d'énergie où tout ne se fait pas mécaniquement, que les forces qui agissent dans les animaux sont au fond analogues à celles qui agissent dans l'homme, et que toutes, consubstantielles à la matière organisée, ne peuvent se déterminer qu'en elle et par elle. C'est ainsi que ces deux grands médecins ont détruit en même temps l'iatromécanique de Boerhaave et l'animisme de Stahl, et préparé la voie à Bichat. La même science moderne ne vérifie pas complètement non plus les conjectures hasardées de Charles Bonnet, de Telliamed, et plus tard de Delaméthérie et de Lamarck, sur l'enchaînement des êtres, l'origine et la transformation des espèces, conjectures dont Leibniz avait fourni une discrète ébauche ; mais il serait injuste de ne pas reconnaître qu'une vive impulsion a été donnée par là aux recherches zoologiques.

Vicq-d'Azyr et les autres anatomistes qui commencent l'anatomie comparée et recherchent les rapports harmoniques, les connexions diverses, les balancements dynamiques des organes, sont fidèles aussi aux conceptions de Leibniz sur les desseins de la nature. Goethe, qui professait tant d'estime pour Diderot, se montre disciple de Leibniz autant que de Spinoza non-seulement dans ses travaux d'anatomie comparée, où il établit les symétries cachées des parties vivantes et recherche les belles proportions des corps, mais encore dans sa doctrine générale du monde. Il admet que toute la nature est pleine de forces, de vies et d'âmes, sentiment si éloquemment rendu dans *Faust* et dans les *Poésies*, bien plus, il souscrit expressément à la *Monadologie*. Dans son splendide discours funèbre sur Wieland (1812), il développe en un langage que n'eût pas désavoué Leibniz tout le détail de cette doctrine, au moyen de laquelle il explique l'immortalité de la pensée, c'est-à-dire des monades conscientes. Toute cette école en définitive nous fournit la preuve de l'influence que les doctrines philosophiques exercent sur l'esprit des savants, et par suite sur la marche des inventions. Nous y voyons le profit qu'il y a toujours à diriger les investigations et les expériences avec les indications supérieures du génie spéculatif, et aussi la nécessité qu'il y a pour les philosophes de tenir compte des arguments objectifs.

Notre siècle a oublié trop longtemps ces importantes leçons. On y a vu la philosophie se séparer de la science pour contracter alliance avec la littérature et la morale. Tandis qu'étroitement unies la science et la philosophie étaient destinées, par le progrès naturel des choses, à s'entendre de plus en plus, elles retardèrent, en divorçant, l'heure si désirée d'une conciliation. Sans doute des livres bien écrits et pleins de belles pensées furent encore publiés dans les écoles de philosophie, sans doute de grandes découvertes furent encore accomplies dans les écoles scientifiques ; mais les doctrines avaient disparu, et avec elles les méditations longues et vivifiantes. La science, en s'éloignant des hautes pensées, prit un caractère empirique et perdit sa dignité. La philosophie, à force d'ignorer les faits d'expérience, arriva au chimérique. L'esprit cartésien, et non peut-être l'esprit de Descartes, devenu prépondérant, poussa les métaphysiciens à un spiritualisme creux et les physiciens à un matérialisme sophistique. Pendant que la connaissance de l'esprit se perdait ainsi dans une littérature déclamatoire, et la connaissance de la nature dans une investigation dispersée, les vaines disputes se multipliaient, inspirées plus souvent par la passion que par la raison, fournissant des armes à ce que la passion suggère de moins noble, décourageant les plus louables entreprises de la raison. Aujourd'hui cet état de choses touche à son déclin, et la philosophie de Leibniz semble devoir être le plus efficace auxiliaire de ceux qui désirent l'alliance fructueuse de la science et de la métaphysique. Les esprits les plus élevés dans les écoles les plus diverses font concevoir cette espérance. Ils ne se contentent pas d'en souhaiter la réalisation ; ils y travaillent directement, sans se laisser arrêter ni par les préjugés, ni par les objections.

Le résultat le mieux établi par les vivisections de la physiologie expérimentale et les observations de l'anatomie microscopique, principalement par les travaux de M. Claude Bernard et de M. Charles Robin, est que les êtres vivants sont des agglomérations de particules infiniment ténues et délicates, véritables individualités douées chacune de vertus caractéristiques et consubstantielles. Ces unités actives, à la fois formes et forces, déterminent, par suite d'emmêlements multiples, toute l'organisation et tout le fonctionnement des parties animales et végétales. Animaux et plantes ne sont plus des machines animées par une puissance distincte qui les imprègne et les meut ; ce sont des systèmes de monades solidaires où gît profondément et par où s'exprime la vie, ce sont des collections merveilleusement ordonnées de petits ressorts possédant par eux-mêmes certaines tendances. Comme Leibniz l'avait dit, chaque vivant est constitué par une infinité de vivants. Or ces corpuscules, que la science moderne appelle *éléments anatomiques*, ont pour principe essentiel ce que Leibniz désignait sous le nom d'âmes, de formes substantielles, de capacités essentielles, de monades. En effet, ce qui caractérise ces éléments primordiaux de la vie, c'est l'entéléchie dynamique. Considérons une cellule morte et une cellule vivante. Qu'est-ce qui les distingue ? Rien, ni au point de vue géométrique, ni au point de vue physique, ni au point de vue chimique ; rien qui soit appréciable, ni au mètre, ni à la balance, ni aux réactifs. Ce qui les distingue, c'est que la première est destituée de l'activité qui est dans la seconde. Cette activité est une transmutation continue et profonde par où la matière de la cellule se renouvelle sans cesse, sans que ses apparences morphologiques ni ses autres propriétés en soient modifiées. La vie est dans ce flux qui s'accomplit au sein de chaque élément de l'organisation, dans cette vertu d'instabilité qui fait que la matière des phénomènes varie constamment, tandis que la forme et le ressort ne changent pas. Elle est dans ces propriétés organiques, forces pures qui demeurent, tandis que les organes, formes visibles, passent. À l'inverse de ce que croit le matérialisme, et conformément aux vues de Leibniz, la matière n'est donc ici que l'enveloppe changeante ; le fond immuable, c'est la force. Outre la nutrition, que nous venons de définir, la vie se manifeste encore par l'organisation, le développement, la contractilité, le sentiment, la pensée, la volonté. Ces nouveaux aspects nous fournissent la même démonstration. L'impuissance radicale de produire quelque chose d'organisé avec les seules forces inorganiques, l'impossibilité de la génération spontanée témoigne d'abord que l'organisation a un principe supérieur à celui des phénomènes du monde minéral ; mais ce n'est pas seulement l'organisation qu'il est interdit d'attribuer à une industrie physico-chimique, c'est encore la contractilité, la sensibilité et à plus forte raison la pensée et la volonté. Plus la science expérimentale se développe, plus la différence se prononce entre ces deux ordres de phénomènes qu'on croyait pouvoir confondre, les organiques et les inorganiques, plus il ressort que les énergies de la vie et celles de la pierre ne peuvent être identifiées, même dans leur principe. Les monades qui engendrent les cellules sont supérieures à celles qui sommeillent dans le grain de sable, de même que la plus grossière portion d'animal est autrement compliquée que le cristal le plus admirable. Évidemment, si la forme, la personnalité, la pensée, la mémoire, la volonté, tout ce qui constitue la vie du moi et le moi de la vie persiste identique quand la matière des organes se renouvelle, c'est que la vie est dans un système d'activité différant essentiellement de l'étendue géométrique et de la masse pesante ; c'est qu'elle est le propre d'une substance qui assurément implique le physico-chimique, mais aussi tout autre chose.

Chaque monade, dit Leibniz, a son principe, son essence, sa loi, et n'est pas assujettie à la volonté d'impulsions extérieures. C'est le fond des doctrines sur la vie professées par M. Charles Robin. Au lieu d'admettre que le corps est gouverné par un principe vital coordinateur et directeur des mouvements physiologiques, il considère que, grâce à un parfait accord en vertu duquel chaque substance, suivant ses propres lois, se rencontre dans ce que demandent les autres, les opérations de l'une suivent ou accompagnent l'opération de l'autre. Le développement des êtres vivants, consistant dans une accumulation progressive et déterminée d'éléments anatomiques, est expliqué, selon lui, non par une force qui les tient sous sa tutelle, mais par la manifestation successive, et en quelque sorte la révélation des substances élémentaires qui expriment la vie, chacune de ces substances devant apparaître lorsque se trouvent réunies les conditions nécessaires à son existence sensible.

Mais la vie est-elle partout dans le monde, comme le veut Leibniz ? Assurément, si l'on entend par vie la spontanéité de toutes choses, l'activité propre à toutes les monades. D'autre part, si l'on considère que toute portion quelconque de substance renferme virtuellement quelque aspiration à la vie, puisqu'elle est apte à entrer comme partie intégrante dans la constitution d'un être vivant, on pourra dire encore que tout vit ; seulement, si l'on exprime par ce mot les énergies spéciales du genre de la nutrition, de la sensibilité et de la volonté, alors il faut reconnaître que la vie n'appartient qu'aux substances organisées, c'est-à-dire à une catégorie de monades. Il y a sans doute dans les monades les plus infimes et les plus éloignées de la vie quelque tendance obscure vers un ordre déterminé ; mais il ne semble pas légitime jusqu'ici d'y voir une intention consciente. C'est plutôt par une sorte d'action réflexe que ces monades exercent leurs énergies, sous l'influence des monades supérieures, de même que par exemple les éléments nerveux agissent souvent sur les musculaires à notre insu et malgré nous.

Une autre question non moins importante se pose ici. L'âme pensante, selon Leibniz, est une monade dominante, une seule monade. La science ne paraît pas autoriser une telle affirmation. Pour elle, interprétée de haut, l'âme est une synergie de monades toutes sensibles et intelligentes, mais à des degrés divers, ce qui explique les degrés divers du sentiment et de la raison. Chez tel vivant, il n'existe pas de monade qui exprime le moi, chez tel autre le moi n'est senti que très confusément, chez tel autre enfin il est conçu dans sa plénitude. Chez le même vivant, cette âme est évidemment multiple, puisqu'elle se montre sous des aspects distincts, l'affection, le sentiment, l'intelligence, la volonté. Loin donc d'être simple et indivisible, elle consiste dans une association de monades qui ne sont pas toutes également parfaites, les unes se retrouvant dans les animaux les plus inférieurs, les autres caractérisant exclusivement l'homme. Système complexe de forces primordiales, concert harmonique d'énergies inétendues s'exprimant dans les éléments anatomiques de la substance grise du cerveau, et rayonnant de la par sa vertu propre dans l'infinité des choses, l'âme humaine est comme le lion de Milton qui, moitié lion, moitié fange et encore sous la main du divin sculpteur, aspire à sortir du chaos. Moitié esprit, moitié matière, notre âme aspire à la pureté absolue ; elle est retenue et gênée par les liens du corps. La grande inconnue est de savoir comment elle s'en débarrasse à l'entrée de l'éternité.

Leibniz ne distinguait pas seulement ces vertus qu'il appelait formes substantielles ou âmes, et qui sont les propriétés des corpuscules doués de vie telles que nous les connaissons aujourd'hui ; il distinguait encore dans ces corpuscules, et en général dans tous les corps, la *masse* et la *matière*. Or ce qu'il appelait masse, c'est l'ensemble de nos propriétés géométriques et mécaniques, et la matière est l'association de nos propriétés physico-chimiques. La masse et la matière appartiennent à tous les corps, l'âme n'appartient pas à tous. Peut-être est-il permis cependant de considérer comme quelque chose de quasi-vital cette tendance des molécules inorganiques à se grouper régulièrement dans les cristaux, et même la propriété plus générale qu'elles possèdent de se combiner toujours en proportions définies, en affectant des figures dont la chimie commence à entrevoir la loi génératrice. Quel que soit d'ailleurs le principe de ces mouvements intestins, de ces conflits harmoniques dont le siège est au sein profond de la substance, la chimie contemporaine est leibnizienne dans toutes ses parties. Elle ramène en effet les phénomènes complexes qu'elle étudie à des éléments simples connus sous le nom d'*atomes*, et qui n'ont de commun que le nom avec ceux de Leucippe et de Descartes. Idéalités pures et néanmoins principes de tout ce qui est réel, ces atomes sont déterminés et classés par des fonctions absolument dynamiques. La chimie établit dans ces atomes l'existence de forces primitives qu'elle désigne sous le nom d'*atomicités*, et qu'elle mesure non par le poids ou mouvement, mais par le produit immédiat du jeu même de ces forces. « L'énergie avec laquelle un corps se combine à un autre corps, dit M. Würtz, est indépendante de la faculté qu'il possède d'attirer ce dernier. La première est l'atomicité, la seconde est l'affinité. » Les atomicités sont les capacités d'action, les pouvoirs de combinaison immanents ou plutôt consubstantiels aux atomes. Tel est aujourd'hui le langage des chimistes les plus autorisés. Ils considèrent dans les corps des vertus électives, des tendances à la saturation, des appétitions qui impliquent quelque chose d'antérieur et de supérieur au mouvement, approchant de ce qui en nous détermine l'action. La chimie n'est plus dans les apparences et les formes perceptibles, dans les brillantes apparitions qui charment ou éblouissent le sens ; elle est dans ces forces sourdes, dans ces monades agissantes, substances de la substance, matières de la matière. Les corps ne sont plus caractérisés seulement par leur physionomie extérieure et présente ? ils le sont encore par ce qu'ils ont de plus caché, par le principe de leur existence passée et à venir, par un ressort qui leur est aussi intime que l'âme nous l'est à nous-mêmes. Ce qui en eux frappe nos sens n'est que l'enveloppe de leur vraie nature. Pour Faraday comme pour M. Dumas, pour M. Berthelot comme pour M. Würtz, tout est ici dans une harmonie dynamique. Un illustre chimiste anglais mort récemment, Graham, l'inventeur de la dialyse, a même imaginé sous le nom d'*ultimates* des principes plus simples encore que les atomes, de véritables points substantiels dont l'essence est déterminée par le genre des vibrations auxquelles ils sont soumis, et détermine à son tour la nature diverse des corps. Ainsi les monades sont devenues dans les phénomènes vitaux les éléments anatomiques avec leurs attributs consubstantiels, et dans les phénomènes chimiques les atomes avec leurs attributs analogues. L'atomisme grec et l'atomisme cartésien avaient conçu des corpuscules géométriques et mécaniques : Leibniz a conçu les principes des activités phénoménales que n'expliquent ni la géométrie, ni la mécanique.

Interrogeons enfin la physique d'aujourd'hui, et nous y trouverons encore les mêmes idées. Elle ramène tout aux vibrations, tant de ce qu'elle appelle atomes matériels que de ce qu'elle nomme éther. D'après elle, les phénomènes physiques s'expliquent par le système des mouvements des atomes et de l'éther, et, ces mouvements pouvant se transformer les uns dans les autres suivant une loi mathématique, il en résulte qu'il y a des rapports d'équivalence entre les diverses manifestations de l'activité physique, par exemple qu'il existe un équivalent mécanique de la chaleur, un équivalent calorifique de l'électricité, etc. Or ce mouvement intestin que l'analyse et l'induction révèlent, ce frémissement corpusculaire qui donne aux corps les qualités sans lesquelles ils ne seraient point perçus, à savoir le poids, la couleur, la chaleur, etc., — ce mouvement, sous toute forme, implique un principe moteur, quelque chose d'irréductible et de simple, une spontanéité analogue à celle que Leibniz conçoit dans les monades. Qu'est-ce que la force vive, l'énergie potentielle, l'énergie virielle dont les physiciens font un si fréquent usage dans leurs spéculations, sinon des entéléchies métaphysiques, raison intelligible des actes dynamiques, des tendances semblables à celles que l'âme sent au dedans d'elle-même ? Dira-t-on que tous ces aspects multiples et variés de la force physique sont une dérivation de la force mécanique simple dont la somme ne change pas dans l'univers ? Mais alors pourquoi le mouvement est-il devenu ici chaleur, là électricité, et lumière d'un autre côté ? Ne serait-ce pas qu'outre les monades qui sont le ressort moteur, il en existe dont le rôle spécial, au point de vue de notre sensibilité, est d'agir sur d'autres capacités perceptives que celles par où nous connaissons le mouvement ?

Sous un autre aspect, on retrouve encore dans les sciences contemporaines quelques-unes des grandes pensées de Leibniz, grâce auxquelles ces sciences ont pris un caractère tout nouveau ; nous voulons parler des formules logiques où l'esprit concentre les matériaux de la connaissance des idées synthétiques qui sont le terme des hautes inductions. Après avoir montré comment il faut concevoir l'esprit dans la nature, nous devons indiquer comment il importe de concevoir la nature dans l'esprit, car les sensations, en subissant l'élaboration de l'esprit pour devenir connaissances, empruntent et empruntent beaucoup de ce qui est propre à l'essence spirituelle. Les procédés intellectuels, dit M. Charles Robin, font corps avec le reste de la science, tellement que l'histoire montre l'exposition d'une *idée générale* juste, reconnue comme équivalente ou supérieure à celle des faits.

Quels sont donc ces procédés intellectuels, ces idées générales ? Ces procédés se résument dans la dialectique synthétique et intuitive, et ces idées dans des concepts morphodynamiques dont nous allons caractériser les principaux. L'idée de *série* est peut-être le plus important. Soit qu'il considère les espèces minérales ou chimiques, soit qu'il considère les espèces animales ou végétales, l'esprit les range en série. C'est la forme sous laquelle il conçoit l'*ensemble* des êtres. Il établit entre eux une continuité semblable à celle des séries de l'algèbre supérieure. Il ordonne les forces et les qualités dans une progression continue et hiérarchique dont la raison virtuelle est la perfection, en ce sens que les êtres s'élèvent d'autant plus dans la série qu'ils se rapprochent davantage des conditions de ce qui est parfait : l'intelligence. Cet ordre est si lumineux que Gerhardt a renouvelé magnifiquement la chimie contemporaine en y introduisant la notion de série. Les rapports vrais et les caractères réels des corps ont été par là déterminés avec une précision nouvelle. Cette conception s'impose avec tant de force à l'esprit du savant qu'il a une tendance aussi spontanée qu'irrésistible à remplir les vides qu'il remarque dans la série, à imaginer pour cela des espèces rationnellement possibles. De la sorte, il prévoit d'avance l'existence de tel être inconnu dans la réalité, comme il prévoit d'après les lois de la mécanique céleste l'existence d'une planète qui n'a pas encore été observée. Cette

Section III

doctrine que Leibniz avait déduite du principe de continuité et de celui de la raison suffisante a été d'une incontestable fécondité dans les sciences. En voici un récent exemple tiré de la chimie : « La synthèse des corps gras neutres, dit M. Berthelot, ne permet pas seulement de former artificiellement les quinze ou vingt corps gras naturels connus jusque-là, mais elle permet encore de prévoir la formation de plusieurs centaines de millions de corps gras analogues… Tout corps, tout phénomène, représente pour ainsi dire un anneau compris dans une chaîne plus étendue de corps, de phénomènes analogues et corrélatifs… Nous pouvons prétendre sans sortir du cercle des espérances légitimes à concevoir les types généraux de toutes les substances possibles et à les réaliser.[1] »

Un autre concept général est justement celui du *type*. On ne saurait mieux définir le type que par la vieille expression d'*être de raison*. En effet, c'est une collection d'éléments qui se soutiennent dans une disposition harmonique, de façon à former un tout conçu par la raison comme pariait. Cet être idéal et rationnel, répondant à certaines conditions de fixité, de nécessité et de généralité, devient un modèle, un exemplaire auquel l'esprit rapporte et compare les êtres existant hors de lui-même. L'esprit a ainsi le pouvoir d'abstraire de la réalité des conditions qu'il associe dans un ordre plus pur, plus clair et plus vrai en somme que celui qui se manifeste extérieurement. On peut ajouter que la création des types est chez lui un impérieux besoin ; il le montre dans les sciences aussi bien que dans la littérature et les beaux-arts. Il ne saisit la réalité qu'en la ramenant à des idées, c'est-à-dire à des ensembles où le rapport mutuel des parties est parfait. En chimie, comme en zoologie, comme en botanique, le type est le concept fondamental au point de vue taxonomique. Les grandes découvertes contemporaines, particulièrement les découvertes récentes de la chimie organique, l'ont bien fait voir. Elles procèdent toutes d'une théorie spéculative sur la structure éminemment rationnelle des choses. La vraie philosophie de l'esprit est peut-être dans l'étude de ces concepts fondamentaux de l'entendement, comme la vraie philosophie de la nature est dans l'étude des forces primordiales se manifestant par les phénomènes sensibles du monde qui nous est extérieur. On arrive ainsi par une nouvelle voie

---

1 *Chimie organique* 1860, t. II, p. 809 et suiv.

à la confirmation des idées de Leibniz, car ces concepts généraux, ces expressions logiques, ces universaux, d'une part démontrent dans l'esprit ces aptitudes innées dont Leibniz voulait constituer la philosophie première, de l'autre impliquent dans la nature une tendance au développement, à la métamorphose et à la perfection, c'est-à-dire un ressort intelligent.

Une école brillante de mathématiciens et de physiciens s'est élevée récemment contre les doctrines dont on vient de suivre le progrès dans les sciences de la nature. On professe dans cette école un cartésianisme exagéré, contestant toute réalité aux forces intimes, aux spontanéités, aux entéléchies, aux monades. C'est un retour avoué au géométrisme avec toutes ses rigueurs, et aussi avec toutes ses illusions. On y proscrit l'attraction et l'affinité sous prétexte qu'il est impossible de se représenter ces énergies sans imaginer dans la matière une multitude de petites mains qui s'accrochent. On y met tout en formule, et on y proclame chimérique ce qui n'est pas susceptible d'être exprimé mathématiquement. On y définit la *force* le produit mg de la masse par l'accélération, et la *force vive* le produit mv^2 de la masse par le carré de la vitesse. — Remarquons d'abord combien il est peu philosophique d'envisager comme des produits ce qu'il y a au monde de plus simple et de plus irréductible, d'emprisonner dans les limites rigides d'un monôme la vivante palpitation de l'infini et de l'absolu dans les choses. En second lieu, il semble que vouloir définir la force par un algorithme, c'est imiter celui qui prétendrait que les flèches dont on se sert dans les schèmes géométriques pour figurer la direction des forces sont l'image exacte de celles-ci. Le chiffre est le signe de la quantité, la ligne celui du mouvement. La force est autre chose que la quantité, autre chose que le mouvement ; mais supposons les définitions convenables : on peut demander quelles sont les causes qui, dans la masse, déterminent l'accélération, la vitesse, la résistance. Or il est impossible de ne pas rattacher ces causes à un principe supérieur au géométrique, à une spontanéité plus ou moins analogue à l'effort qui chez nous précède l'action. On est toujours ramené ainsi, quoi qu'on fasse, aux monades actives dont les infinies variétés, les infinies relations et les infinis mélanges produisent tout. Les savants auteurs auxquels nous faisons allusion essaieront vainement de réduire à des fonctions déterminées de l'espace et du temps ce qui est essentiellement opposé à l'espace et au temps, la force, et de faire que nous n'ayons point de la résistance dynamique des éléments du monde une conscience aussi nette que celle de notre effort individuel pour l'équilibrer.

Il est facile d'indiquer la cause de ces abus spécieux des considérations géométriques et mécaniques dans la philosophie de la nature. Cette cause est l'ignorance des faits biologiques dans lesquels se révèlent d'une manière spéciale la spontanéité profonde et la réalité des forces consubstantielles aux corps. La géométrie et la mécanique, dans leurs spéculations, séparent les points matériels d'avec les forces, tandis que la biologie apprend à les conjoindre dans une indestructible et nécessaire unité. La science des mouvements et de leurs figures ne nous montre que les dehors de l'universelle énergie. La science de la vie au contraire nous en dévoile le fonds agité et le beau dessein. Tel est le précieux, l'immense service qu'elle rend au savoir et à la dialectique. Descartes et ceux qui de nos jours essaient de restaurer son système en déduisant la physique de la mécanique et la physiologie de la physique, en expliquant le supérieur par l'inférieur, comme dit Auguste Comte, en proscrivant toute tentative de concevoir les principes premiers par les principes ultimes, tous ces philosophes, quel que soit d'ailleurs leur mérite, ont méconnu les leçons que fournit l'être vivant sous le double rapport physiologique et psychologique. Les témoignages de l'âme s'identifiant avec la vie leur eussent fait voir dans tout l'univers les images de l'âme et de la vie au lieu d'un aveugle et fallacieux géométrisme. Ils eussent compris que les chiffres et les figures n'expliquent pas tout, que le calcul n'est pas l'unique méthode. Ce qui explique tout, c'est l'âme, parce qu'elle seule saisit tout, ou du moins trouve en elle seule, au foyer de l'abstraction, comme de secrètes affinités avec tout. Aussi bien la gloire positive et durable de Descartes est assez grande pour qu'on ose, sans crainte d'en affaiblir l'éclat mérité, prédire l'impuissance des efforts entrepris de nos jours pour introduire dans la philosophie naturelle de faux principes empruntés à sa doctrine. Le crédit appartient de plus en plus aux idées de Leibniz, dont toutes les sciences sont aujourd'hui imprégnées. Et toute la doctrine de ce grand penseur est dans l'intime association, inconnue, ce semble, avant lui, d'une géométrie sublime et d'un vif sentiment de l'éternelle harmonie des choses.

Section III

ISBN : 978-1978038417